JN222129

思い出をありがとう！

上野のパンダ

リーリーとシンシン

～いつまでも素敵なパン生を！～

神戸万知 文・写真

技術評論社

感謝をこめて、リーリーとシンシンへ

リーリーとシンシン、今ごろは生まれ故郷の中国で、
ゆっくり、のんびりすごしているのかな？

やさしくて、マイペースなリーリー。
食べることが大好きな、かわいいシンシン。

あなたたちが上野動物園に来てくれて、
とってもうれしかったよ。

たくさんの喜びを、わたしたちにプレゼントしてくれたね。

あなたたちにたくさんの“ありがとう”を贈るよ。

日本に来てくれて、ありがとう！

シャンシャンに会わせてくれて、ありがとう！
シャオシャオとレイレイに会わせてくれて、ありがとう！

たくさんの笑顔を、ありがとう！

心から“ありがとう”。

これからも元気でね。

contents
もくじ

＊この本では、ジャイアントパンダを「パンダ」と表記しています。

リーリー・シンシン とっておき写真集

おだやかで、やさしいリーリーと、
明るく、パワフルなシンシン。
いつもわたしたちに、
元気をくれていました。

シンシンの様子を見たいとき、
気になる音が聞こえてきたとき、
リーリーは木にのぼっていました。

ちょっぴり心配症なリーリーに比べ、
何事にも動じることなく、
いつもどかんと構えて、竹を食べるシンシン。
バランスのとれた、お似合いのカップルです。

安定感ばっちり!

お散歩リーリー

リーリーはよく散歩をしていました。

家族や、上野動物園を守るため、

パトロールをしていたのかもしれませんね。

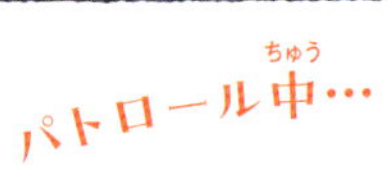

パトロール中…

パトロール中…

パトロール中…

よし!!

シンシンも、たまにはパトロール!

パトロールのあとは
食事タイム！

ちょっぴり
休けい

休けいのあとは、
再びパトロール！

雪の日も元気に！

食べることが大好き!

おいしそうに竹を食べるシンシンのすがたは、

上野動物園の名物でもありました。

くんくん

にっこにこ

うまうま

まんぞく!

ちょっと考えて…

とりあえず、
また食べるわ!!

シンシンの
食べているすがたを見ると
幸せな気持ちになるわ！

親子そろって♪

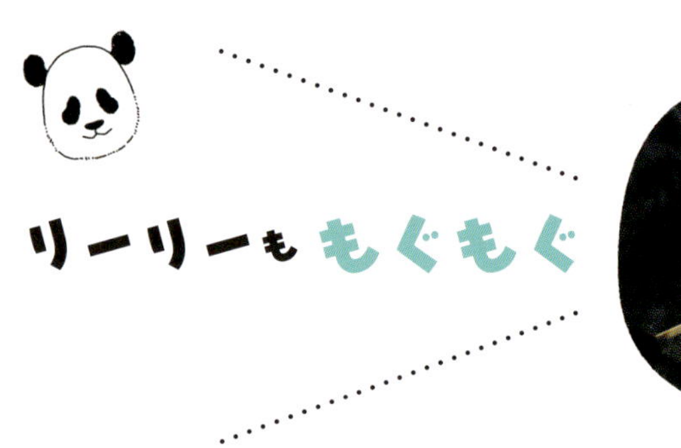

リーリーも もぐもぐ

シンシンほどごうかいな感(かん)じではありませんが、リーリーもかわいくもぐもぐしていました。

もぐもぐ…

もぐもぐ…

もぐもぐ…

かわいくパリッパリ！

移動中…

お気に入りの場所で

得意の寝食い

子どもたちも元気に！

中国でもぐもぐ

シャンシャン

Xiang Xiang

Xiao Xiao & Lei Lei

シャオシャオ
&
レイレイ

ごうかい！ シンシン伝説

食べるときも、子育ても、
とてもごうかいなシンシン！
ファンからは“親方”とよばれ、
親しまれてきました。

食べ方もごうかいに！

にんまり

キョロキョロ

みっけ！

まんぞく！

パワフル子育て

ワイルドに！

パトロールや、子育(こそだ)て、
食事(しょくじ)の合間(あいま)に休(きゅう)けいをはさむ
リーリーとシンシン。
どんな夢(ゆめ)を見(み)ているのかな?

ぼんやリーリー

ぐっすリーリー

ゴロゴロ

岩(いわ)かげで
ゆっくりと

水分ほきゅう中…

リーリー

シンシン

シンシンも子育ての合間に…

Z Z Z

親子で休けい中

変顔（へんがお）シリーズ

チラリ

リーリーとシンシンは、
いつもわたしたちを
楽（たの）しませてくれました。

どん

どん

どーん！

ぼうし♪

ファー…

気（き）を抜（ぬ）いたときの
シンシン

ブヒッと

美パン ショット

実は美形夫婦で知られている、

リーリーとシンシン。

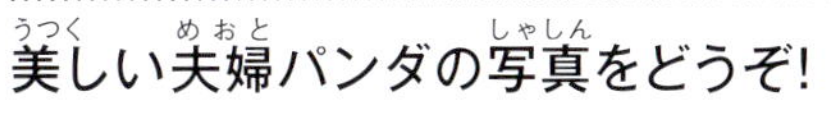

美しい夫婦パンダの写真をどうぞ!

ウフフ♡

丸顔美パンダ

見返り美パンダ

渋いリーリー

お花が似合う

上野ファミリー 名場面集

うもれてる…

リーリーとシンシンは、
いろいろな思い出を
残してくれました。
どのシーンも大切な宝物です。

シンけつ♡

竹まみれ♪

竹筒シャンシャン

ママ大好き！

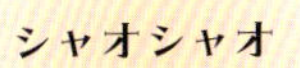

人なつこい表情や、
輪かくがパパに似てきました

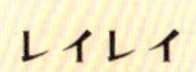

平らな頭は、
シャンシャンおねえちゃん似

並んでます

リーリー シンシン ありがとう！

大好き！

リーリー・シンシン物語

2005年の夏、中国四川省の自然豊かな臥龍保護センターで、
とてもかわいいパンダの男の子と女の子がたん生しました。
7月3日に生まれたのが、女の子の仙女（シェンニュー）。
8月16日に生まれたのが、男の子の比力（ビーリー）。
のちに、上野動物園にやってくるリーリー（力力）とシンシン（真真）です。
ちなみに、リーリーもシンシンもふたごで、リーリーにはふたごの麗麗（めす）、
シンシンにはふたごの仙子（おす）がいます。その年、保護センターでは
16頭の赤ちゃんパンダが生まれました。

臥龍保護センターで暮らしていたころの、
リーリーとシンシン。
2頭は、幼なじみです。

リーリーとシンシンは、元気いっぱいにのびのびと成長しました。

2頭はなかよくブランコにのったり、木にのぼったり、じゃれあったりして、いっしょにたくさん遊んでいました。

2008年5月12日、四川省で大きな地震がおきました。保護センターも震源地が近く、パンダ舎の1/3が倒壊するほどの被害がありました。リーリーとシンシンは無事でしたが、中国南部の広州の野生動物園へ避難し、2年間すごすことになりました。

写真提供：日本パンダ保護協会

上野動物園へ！

さて、上野動物園では、2008年4月にリンリンが亡くなり、
パンダがいなくなってしまいました。

1972年に、はじめて日本でパンダを受け入れてから、上野といえばパンダ、
パンダは上野のシンボルでした。

また上野にパンダをむかえたい！

中国との交渉の末、2011年2月21日、リーリーとシンシンが上野動物園にやってきました。
2頭の名前は、公募できまりました。

幼なじみでなかよしだった2頭が選ばれたことは、
日本にとって最高に幸せな結果をもたらしてくれました。

リーリーとシンシンが来園した翌月の3月11日、東日本大震災がおきました。

四川の大地震を経験していた2頭は、最初はおどろいて走りまわっていましたが、シンシンはすぐに落ち着いて竹を食べはじめ、リーリーも2時間くらいすると竹を食べるようになりました。

ただ、震災の影響で、動物園は臨時休園になり、パンダの一般公開も延期になりました。

そして、4月1日、動物園の再開と同時に、パンダの公開が始まりました。

震災の重く悲しいニュースが続く中、パンダ公開は希望の光のような、明るい話題でした。たくさんの人が訪れ、リーリーとシンシンから元気をもらいました。

シンシンの出産

リーリーとシンシンが日本にきた目的は、飼育繁殖研究です。

つまり、子パンダが生まれてくることを、みんなが願っていたのです。

これまで、上野動物園では、人工授精で2回、赤ちゃんパンダが生まれ育っていました。1986年生まれのトントン(めす)と、1988年生まれのユウユウ(おす)です。

今回は、できることなら、自然交配で赤ちゃんが生まれてくれたら、という期待もありました。

トントンとユウユウ
父：フェイフェイ　母：ホァンホァン

自然交配のためには、相性が大切です。

リーリーとシンシンは、小さいころから
なかよしだったこともあり、相性はばっちりでした。
とくに、やさしい性格のリーリーは、シンシンが発情期で
気が高ぶっても、じょうずにペースを合わせます。

そのおかげで、自然交配の末、2012年7月5日に、
シンシンはおすの赤ちゃんを出産しました。日本中がこの
うれしいニュースに大きく湧きました。

けれども、残念ながら、赤ちゃん（おにいちゃん）は
6日後の7月11日に亡くなってしまいました。

待望の赤ちゃんたん生！

パンダの赤ちゃんは超未熟児として生まれ、
まずは生後1週間を乗り越えることが最大の試練といわれます。
このつぎに生まれる子は、なんとか無事に成長してくれるように、とみんなが願いました。
それから、2013年は自然交配しても妊娠にはいたらず、
その後3年間はシンシンの発情がピークをむかえないままおわりました。
とはいえ、相性のいい2頭です。シンシンのからだが準備できたら、
きっとうまくいくと信じて、みんな温かく見守りました。

2017年、自然交配でシンシンは
ふたたび妊娠しました。
そして、6月12日、
待望の赤ちゃんがたん生しました。
今回は女の子です！
無事に育ちますように！
みんなの祈りが届いたのか、
赤ちゃんは元気に成長しました。
名前は、32万通以上の応募から、
“花開く” を意味する、「シャンシャン（香香）」と
名づけられました。

シャンシャン ブーム！

シンシンに愛情を一身に注がれ、すくすく育ったシャンシャンは、12月19日から一般公開が始まりました。

ほほえましい親子の様子を見て、だれもがほおをゆるめ、ぎゅっと心をつかまれました。

シャンシャンはまたたくまに日本を代表するアイドルとなり、一大パンダブームを巻き起こしました。

上野だけでなく、和歌山県白浜町のアドベンチャーワールドや、神戸市立王子動物園のパンダも、これまで以上に注目されるようになったのです。

　連日、シャンシャンを観覧するために、
長蛇の列ができました。
シャンシャンのたん生日や、ひとり立ちなど、とくべつな日には、
4時間待ちなんてこともありました。
　そうなると、長時間並ぶのがむずかしい人や、
観覧の締め切り時間に間に合わない人もいます。
　そんなときに、頼りになるのがリーリーでした。
「お父さんパンダは、見られますよ」
　シャンシャンに会えずいったんがっかりしたお客さんにとって、
リーリーはまさに救世主でした。
　リーリーのおかげで、多くの人が
「上野でパンダに会えた思い出」を作れたのです。

シャンシャンのひとり立ち

シャンシャンは、2018年12月10日から、
シンシンと離れて、1頭で暮らすようになりました。

パンダはもともと単独で暮らす動物です。
子育てでいそがしかったシンシンは、
ひさしぶりに気がねなく竹をたっぷり食べたことでしょう。

リーリーは、相変わらず、ときどき木のぼりをして、
大好きなシンシンにアピールしていました。

2020年2月、新型コロナウイルスが世界的に流行し、
人々の移動も行動も制限されるようになりました。
上野動物園も、2月29日から長い臨時休園に入りました。

2020年8月、西園にあたらしいパンダ舎「パンダのもり」が完成し、
リーリーとシンシンは引越しました。

リーリーの屋外運動場は、アクリル板もなく、リーリーの鳴き声や咀嚼音も
よく聞こえます。ただ、大きな木はなくて、しょっちゅう木のぼりしていたリーリー にとっては、
すこしさびしかったかもしれません。

2021年、シンシンは自然交配で3度目の妊娠をし、
6月23日にふたごの赤ちゃんを出産しました。
上野動物園でははじめてのふたご、大快挙です！

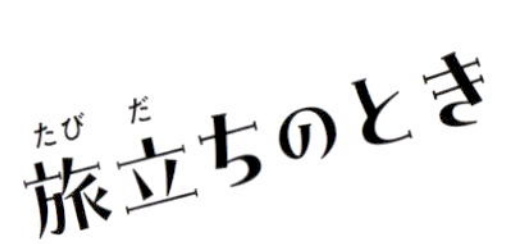

旅立ちのとき

ふたごは、男の子と女の子で、公募で男の子が、“夜明け” を意味する「シャオシャオ（暁暁）」、女の子は“今にも咲こうとする花” という意味の「レイレイ（蕾蕾）」と名づけられました。

パンダの赤ちゃんは、男の子があまえんぼう、女の子がクールとよくいわれますが、シャオシャオとレイレイもそんな感じでした。
おおらかで太陽のようなシンシンに、ふたごは愛情たっぷりに育てられました。

一方で、コロナ禍で返還が延び延びになっていたシャンシャンも、ついに2023年2月に中国に旅立ちました。

2023年4月には、もうすぐ2歳になるシャオシャオとレイレイが、シンシンから離れて、2頭での生活をはじめました。

シンシンは、ふたごの育児という大仕事をおえて、のんびりとすごしています。

リーリーは、いつもの場所で、いつも通りにゆったりとお客さんをむかえていました。シャオシャオ・レイレイ観覧の受付時間を過ぎても、リーリーにはまだ会えるというのは、お客さんにとって大きな安心感です。

ありがとう！
リーリー・シンシン

2023年秋、ハズバンダリートレーニングの血圧測定で、リーリーもシンシンも、血圧が高いことがわかり、薬を与えられるようになりました。

2頭とも、けっして深刻な状態というわけではありません。

けれど、2024年で19歳になり、人間でいうと還暦ちょっと手前、高齢に差しかかる年齢です。中国との協議の末、まだ元気で体力のあるうちに、生まれ故郷へ帰し、治療を受けさせるのが望ましいということになりました。

そして、2024年8月30日、リーリーとシンシンを2024年9月29日に中国へ返還するという発表がありました。

検査のために、おなかの毛を剃られたリーリー。

＊ハズバンダリートレーニングとは、動物が健康でいるために、動物に健康診断の協力をしてもらうことです。

リーリーとシンシンの帰国発表は、あまりに突然で、みんな茫然自失となりました。

ただ、事情を知れば、2頭にとってなにが最善か、明らかでした。

なにより大切なのは、日本にとって大恩パンであるリーリーとシンシンの健康です。

リーリーとシンシンは、震災直後の日本に、笑顔と癒やしをもたらしてくれました。

おにいちゃん、シャンシャン、シャオシャオ、レイレイというかけがえのない宝をくれました。

中国に帰ったら、シンシンはたけのこを毎日どっさり食べられるでしょうか。リーリーはまた木のぼりができるでしょうか。

今までのように会えなくなっても、2頭が元気で長生きしてくれることこそ、みんなの願いです。

これからも、ずっと大好きだよ。

リーリー、シンシン、日本にきてくれてありがとう！

リーリーの特ちょう

“イケパン”“かわいいパパ”といわれているリーリーですが、どんな特ちょうがあるのでしょうか？　見てみましょう！

輪かく

シンシンに比べて、面長で小顔。額が広めです。

目

目をかこむ黒い部分は、小さめ。小判のような形をしています。

耳と頭

ちょっと大きめな耳は、音に敏感です。
頭のとんがりがチャームポイント。栗のような形をしています。

横顔

横から見ると鼻が高く、
とてもハンサムなのが
わかりますね。

ボディ

ほかのパンダに比べて
からだも大きく、手あしも長め。
走ると迫力があります。
からだは大きくても、
びっくりしたときなどの
逃げ足はとても速いです。

まるい顔に、くりくりした目、
華やかな顔立ちのシンシン。
よく“美パンダ”と、
いわれています。

輪かく

円を描いたような
まんまる型が特ちょうです。
まる顔は、パンダ界では
美しさの条件でもあります。

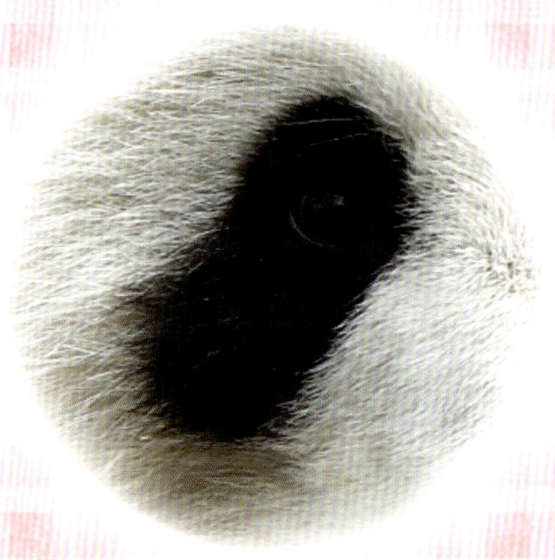

目

目をかこむ黒い部分が大きく
目もとが跳ね上がっています。

口

口もとが上がっていて、
いつも微笑んでいるように
見えます。

鼻

ハートのような形の鼻は、
においに敏感で、おいしいものを
すぐに嗅ぎわけることができます。

耳

大きく、まるい耳。
耳と耳の間がはなれているのも
特ちょうです。

ボディ

まるくて、どっしりとした
安定感のあるボディは、
母性を感じさせます。
子パンダになって
甘えたくなりますね。

上野パンダファミリー

リーリーとシンシンには、3頭の子どもたちがいます。
どの子も、かわいくて、とても個性的! ママのシンシンから
愛情をたっぷりうけて、元気にすくすくと育ちました。

リーリー
（カカ）♂

中国名：比力（ビーリー）
2005年8月16日
中国四川生まれ
2011年2月21日　来園
2024年9月29日　中国返還

シンシン
（真真）♀

中国名：仙女（シェンニュー）
2005年7月3日
中国四川生まれ
2011年2月21日　来園
2024年9月29日　中国返還

第一子
♂

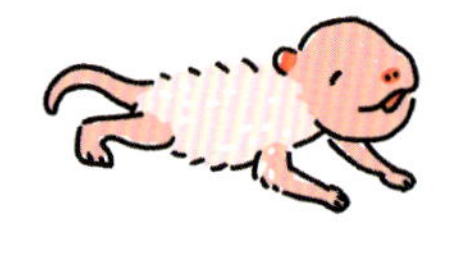

2012年7月5日生まれ
2012年7月11日　永眠

シャンシャン
（香香）♀

2017年6月12日生まれ
2023年2月21日
中国返還

シャオシャオ
（暁暁）♂

2021年6月23日生まれ

レイレイ
（蕾蕾）♀

2021年6月23日生まれ

リーリーとシンシンの子どもたち

上野動物園で生まれ育った、リーリーとシンシンの子どもたちを紹介しましょう。それぞれ、顔立ちがパパに似ていたり、性格はママに似ていたり、２頭の特ちょうを受け継ぎ、元気に成長中です。

シャンシャン

上野動物園初、自然交配でたん生しました。つぶらなやさしい目と口もとはパパ似、輪かくや体形はママ似です。
現在は中国のジャイアントパンダ保護研究センター雅安碧峰峡パンダ基地で暮らしています。

シャオシャオ

いつもやんちゃで、元気なシャオシャオ。顔立ちはパパに似ているといわれます。甘えんぼうで、ママやレイレイにからむすがたがとってもかわいかったですね。ひとり立ちしてからは、マイペースに、のんびり過ごしています。

レイレイ

ひとり遊びが得意なレイレイ。好奇心旺盛で、食べることが大好きなところは、ママ譲りです。顔立ちや、頭のてっぺんが平らなところは、姉のシャンシャンに似てきました。手あしが長めなところは、パパに似ています。

リーリーとシンシンの子どもたち

シャンシャン

シンシンの愛情をたっぷりうけて、
大切に、大切に、育てられたシャンシャン。
思い出深い、たくさんの名シーンが
生まれました。

ママがシャンシャンのことを
なめるので、いつも全身
ピンク色でした。

お気に入りのハンモック
ママとうばい合い!

シャンシャンのハンモックは、後に“シャンモック”と
よばれるようになりました。

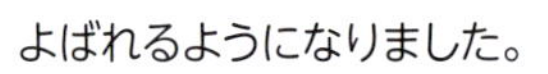

ママに似ておてんば!

ちらり

中国でがんばるシャンシャン。
シンシンのように、愛情深い、
かわいいママになるのを、
楽しみにしているよ！

中国 雅安パンダ繁殖センターで撮影

リーリーとシンシンの子どもたち

ごろごろ、わちゃわちゃ、親子３頭で
からむすがたが、とってもかわいかった!
シンシンのパワフルな子育ても、すっかり
上野動物園の名物のひとつになりました。

シャオシャオ＆レイレイ

がったい!

ペターンと

パンダのなる木

なかよし♡

シャオシャオ

わんぱくで、やんちゃな
シャオシャオ

食べることが大好きな、
おっとり女子 レイレイ

レイレイ

シャオシャオ、レイレイ
いっしょに暮らしていたころ。
現在は、それぞれひとり立ちし、
元気いっぱい成長中！

上野パンダヒストリー

中国からカンカンとランランが来日し、
日本とパンダの歴史が始まりました。
これまでの上野動物園の歴史と、
日本で暮らしたパンダたちを紹介しましょう!

1972年

9月、「日中国交正常化」が宣言され、友好のシンボルとして、おすのカンカンとめすのランランが、来日。

1979-80年

1979年 9月に、めすのランランが死亡し、めすのホァンホァンが来日。
1980年の 6月にカンカンが死亡。

1982-85 年

日中国交正常化 10周年記念により、おすのフェイフェイが来日。1985 年にフェイフェイとホァンホァンの間にチュチュがたん生するも、2 日後に死亡。

1986-88年

ホァンホァンとフェイフェイの間に、人工授精によって、1986年めすのトントンが、1988 年には、おすのユウユウがたん生。

1992-2005年

ユウユウと交換で、中国の北京から、おすのリンリンが来日。
2000年トントン永眠。2003-05 年メキシコからシュアンシュアンが滞在。

2008年

リンリンが心不全で死亡。ここから3年間、上野動物園からパンダが不在に。

2011-12年

3年ぶりのパンダ、リーリーとシンシンが来日！ パンダフィーバーがわき起こる。2012年に赤ちゃんたん生するも、6日後に死亡。

2017年

6月に、めすのパンダシャンシャンが、自然交配によりたん生。シャンシャンブーム到来。

2021年

6月、リーリーとシンシンに、上野動物園初のふたごの赤ちゃんパンダがたん生。おすはシャオシャオ、めすはレイレイと名づけられた。

2023年

多くのファンに見送られ、2月にシャンシャンが中国へ返還された。

2024年

8月、永らく日本中で愛されてきたリーリーとシンシンが中国へ返還されることが決定。

本書の最新情報は、下の QR コードから
書籍サイトにアクセスの上、ご確認ください。

本書へのご意見、ご感想は、技術評論社ホームページ（https://gihyo.jp/book）または以下の宛先へ、書面にてお受けしております。
電話でのお問い合わせにはお答えいたしかねますので、あらかじめご了承ください。

〒162-0846　東京都新宿区市谷左内町 21-13
株式会社技術評論社　書籍編集部
『思い出をありがとう!　上野のパンダ　リーリーとシンシン　～いつまでも素敵なパン生を!～』係
FAX：03-3267-2271

写真協力　神戸万知、日本パンダ保護協会、PIXTA
イラスト　ちべ
編　　集　池田真由子（ニシ工芸株式会社）
文　神戸万知（リーリー・シンシン物語）、池田真由子
デザイン　岩間佐和子
企画・進行　池田真由子（ニシ工芸株式会社）
成田恭実（株式会社技術評論社）

思い出をありがとう!　上野のパンダ
リーリーとシンシン
～いつまでも素敵なパン生を!～

2024 年 11 月 15 日　初版　第 1 刷発行

文　神戸万知（リーリー・シンシン物語）
発行者　片岡　巌
発行所　株式会社技術評論社
東京都新宿区市谷左内町 21-13
電話 03-3513-6150　販売促進部
03-3267-2270　書籍編集部
印刷／製本　株式会社シナノ

定価はカバーに表示してあります。

造本には細心の注意を払っておりますが、万一、乱丁（ページの乱れ）や落丁（ページの抜け）がございましたら、小社販売促進部までお送りください。送料小社負担にてお取り替えいたします。
ISBN 978-4-297-14579-8 C0045
Printed in Japan

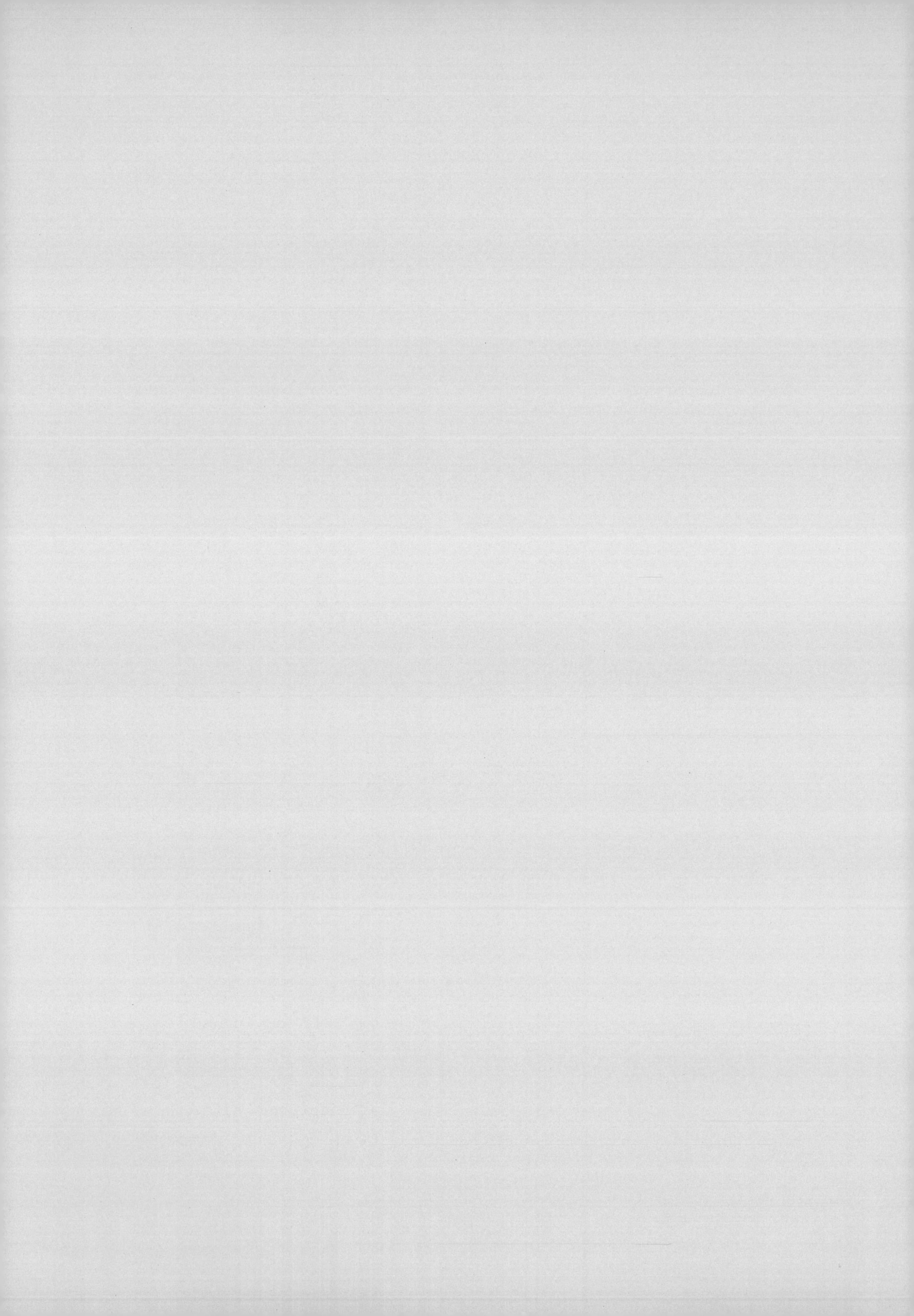